儿童财商故事系列

那些比钱更重要的事

曹葵 著

U0261327

四川科学技术出版社
·成都·

图书在版编目（CIP）数据

儿童财商故事系列. 那些比钱更重要的事 / 曹葵著. --
成都 : 四川科学技术出版社, 2022.3
ISBN 978-7-5727-0296-9

Ⅰ. ①儿… Ⅱ. ①曹… Ⅲ. ①财务管理－儿童读物
Ⅳ. ①TS976.15-49

中国版本图书馆CIP数据核字（2021）第193382号

儿童财商故事系列 · 那些比钱更重要的事

ERTONG CAISHANG GUSHI XILIE • NAXIE BI QIAN GENG ZHONGYAO DE SHI

著　　者　曹　葵
出 品 人　程佳月
策划编辑　汲鑫欣
责任编辑　张湉湉
特约编辑　杨晓静
助理编辑　文景茹
监　　制　马剑涛
封面设计　侯茗轩
版式设计　林　兰　侯茗轩
责任出版　欧晓春
内文插图　浩馨图社
出版发行　四川科学技术出版社
地址：四川省成都市槐树街2号　邮政编码：610031
官方微博：http://weibo.com/sckjcbs
官方微信公众号：sckjcbs
传真：028-87734035
成品尺寸　160 mm × 230 mm
印　　张　4
字　　数　80千
印　　刷　天宇万达印刷有限公司
版　　次　2022年3月第1版
印　　次　2022年3月第1次印刷
定　　价　18.50元
ISBN 978-7-5727-0296-9
邮购：四川省成都市槐树街2号　邮政编码：610031
电话：028-87734035

■ 版权所有　翻印必究 ■

目录

我们不是金钱的“奴隶” 第1章 1

8 第2章 健康是我们最大的财富

金钱买不来友谊和亲情 第3章 14

22 第4章 为梦想而努力的人更快乐

钱和责任哪个更重要 第5章 30

36 第6章 帮助弱小能要报酬吗

快乐的义务劳动日 第7章 45

52 第8章 我们不能为了钱去做违法的事情

主要人物介绍

咚咚

古灵精怪，好奇心强，
想法多，勇于尝试

小亦

咚咚的妹妹，喜欢思考，
行动力强，善于沟通

咚爸

性格温和，
有耐心，
非常理解孩子

咚妈

脾气有些急，
但有爱心，
理解并尊重孩子

第1章

我们不是金钱的“奴隶”

小朋友，你知道吗？金钱是有“魔法”的。如果我们合理地对待它，它就安安分分地待在我们的钱包里、银行账户里；如果我们过于重视它，它就开始嚣张跋扈，甚至想要操控我们的人生。如果不想成为金钱的“奴隶”，我们就要学会正确看待和使用金钱。

咚咚和咚妈去林阿姨家做客。林阿姨家里的装潢非常豪华。

咚妈和林阿姨开心地聊天儿，林阿姨的丈夫在一旁看杂志，咚咚和林阿姨家的小弟弟玩儿游戏，大家都很高兴。

可是，林阿姨的一句话打破了这美好的氛围。

林阿姨对咚妈说：“听说 × × 大牌新出了一款限量版的包，我打算买一个。”

林阿姨的丈夫一听这话，顿时生气地说：“你已经有那么多包了，怎么还要买？”

“那些包都是旧款，我要买新款的！”林阿姨大声说。

“旧款的怎么啦，不是也能用吗？”

“不，我就要买新款的包！”

他们夫妻俩为此争吵了起来。

咚妈不知道该劝谁好，非常尴尬，只好和他们道别，带着咚咚离开了。

走出林阿姨家，咚咚说：“妈妈，林阿姨不就是想买个包嘛，他们家很富裕，完全能买得起呀！”

“傻孩子，他们之所以争吵，不是因为包的价格高，而是因为林阿姨的生活太铺张浪费了。她已经变成金钱的‘奴隶’了。”咚妈告诉他。

“啊？我只知道不花钱的‘守财奴’是金钱的‘奴隶’，难道爱花钱的人也是金钱的‘奴隶’吗？”咚咚非常不理解咚妈说的话。

“其实，凡是没有正确看待和使用金钱的人都是金钱的‘奴隶’。”咚妈说，“‘守财奴’是把金钱看得比生命还重要，不舍得花一分一厘。而花钱无度、铺张浪费的人也属于被金钱驱使和控制，失去了自我。”

“太舍不得花钱不对，太爱花钱也不行，那我们怎么做才不会成为金钱的‘奴隶’呢？”咚咚不解地问。

“很简单，只要我们管住自己，该花的钱一定要花，该省的钱也一定要省，每天快乐生活，不为金钱而过度烦恼就可以了。”咚妈说。

“妈妈，我觉得您说得不对。”咚咚反驳道，“为金钱烦恼的都是穷人，富人才不会为金钱烦恼呢！他们只会吃好的、喝好的，别提有多高兴了！”

他们边走边说，不知不觉就到家了。

美国作家马克·吐温曾经说过，当我们懂得如何使用金钱时，金钱就是我们忠实的仆人；如果我们不会使用金钱，它就会成为我们的主人。

那么，我们该如何使用金钱呢？努力挣钱，理智消费，适度储蓄，利用手里的金钱让自己生活得更好，这就是金钱正确的使用方法。

“这你可就说错了！”咚妈边开门边说，“富人也会为金钱烦恼的。”

“你们怎么这么快就回来了？”正在看电视的咚爸问。

“别提了，林阿姨和叔叔吵起来了！”咚咚说，“林阿姨想买一个包，但是叔叔不同意，就和她争吵起来，埋怨她买的包太多了。妈妈说林阿姨变成金钱的‘奴隶’了。”

“她每天都被金钱驱使着出去购物，不是‘奴隶’是什么？”咚爸非常赞同咚妈的观点。

“妈妈还说富人也会为金钱烦恼呢！”咚咚说，“这我可不相信！”

“你妈妈说得很对。”咚爸说，“我就认识一个天天为金钱发愁的富人。”

“那就怪了，他有什么可愁的，难道是觉得钱太多了花不完吗？”咚咚十分纳闷儿地说。

“当然不是啦！他每天都在担心自己万一变成穷人怎么办。”咚爸说。

“这是为什么？”咚咚还从没听说过这种怪事儿呢。

“因为他从小就受苦受穷，已经穷怕了，他发誓长大后一定要做个有钱人。”咚爸讲述道，“后来他就拼命挣钱，经过很多年的努力，终于变成一个有钱人。”

“哇，好棒呀！”咚咚羡慕地说。

“可是他一点儿都不快乐，总是担心自己会变成穷人，所以继续拼命挣钱，其他的事情都毫不在意。”咚爸又说。

“连朋友、亲人都不在意吗？”咚咚问道。

“对呀，除了父母之外，他几乎不和其他人交往，即便是交往的，也只是一些生意上的合作伙伴。”咚爸摇着头，感慨地说。

“他连好朋友都没有，那真是太可怜了！”咚咚说，“可是，挣钱并没有错呀！”

“挣钱当然没有错，但是也要适可而止，不能把挣钱当作人生唯一的追求。”咚爸说。

“我明白了，金钱很重要，但是快乐生活比金钱更重要。”咚咚说，“您说的这个富人其实不用那么担心变穷，林阿姨也不需要买那么多包，他们还有更多有意义的事情可做。”

“真是孺子可教！”咚爸笑着摸摸咚咚的头。

不做金钱的“奴隶”，并不是阻止我们追求财富，因为没有钱我们是寸步难行的。但是对于金钱，我们要“取之有道，求之有度”。这是什么意思呢？就是挣钱要光明正大，追求财富要适可而止，不能过于重视金钱。

第2章

健康是我们最大的财富

大人们常说“身体是革命的本钱”，因为只有身体健康，我们才能更好地追求幸福人生。如果没有健康的身体，我们挣再多的钱也不会幸福。就像有人说的：一个健康的乞丐，远比一个病危的国王更幸福。

这天，小亦告诉三条一件事：“我的一位远房叔叔突然病倒了，要在病床上躺很久呢！医生说就算治好了病，他以后也会非常虚弱。”小亦非常同情叔叔。

“啊？这么严重呀？”三条也觉得这位叔叔很可怜。

“我妈妈说，他的病都是挣钱挣出来的。”小亦又说。

“挣钱还能挣出病来，这也太奇怪了吧！”三条惊讶地说。

“叔叔年轻的时候一直在努力挣钱，几乎从来没有休息过，慢慢地就累病了。”小亦解释说。

“那他之前没发现身体不舒服吗？”三条十分疑惑。

“其实前年体检后他就知道自己的身体不太好，可是为了多挣点儿钱，他一直拖着不去医院治病。结果病情慢慢加重，他的身体彻底垮了。”小亦说这话时十分难过。

“唉，如果他一开始就积极治病的话，也许病情就不会变成现在这么严重了。”三条感叹道。

这天，小亦和咚爸咚妈一起去医院探望叔叔。

“你一定要好好治病，早点儿康复！”咚妈对叔叔说。

“唉，别提了，我住院这几天少挣好多钱呢！”叔叔难过地说。

“你就别操心这些事情了，公司还有其他人呢！”咚爸劝道。

“他们都只是员工，哪儿能像我这样尽心尽力呀！”叔叔根本听不进别人的劝，一副愁眉苦脸的样子。

从医院出来后，小亦对父母说：“叔叔真是太敬业了，都病成这样了还在操心工作上的事情。”

咚爸却生气地说：“工作再重要也没有身体重要啊，他这分明就是挣钱不要命嘛！”

“您怎么能这么说呢！我觉得叔叔挺厉害的。”小亦说。

“宝贝儿，你要知道，健康才是我们最大的财富。如果连健康都没了，我们挣再多的钱又有什么用呢？”咚妈说。

“可是，有了钱我们什么都能买得到，就算生点儿小病也不是什么大事儿啊！”小亦说。

“你啊，以后会明白这个道理的。”咚妈说。

有的人认为金钱比健康重要，认为金钱可以买来健康。金钱的确可以帮我们治疗一般的疾病，但无法驱除疾病给我们带来的痛苦和烦忧。即便是富可敌国的人，也会因为疾病而痛不欲生。

没过几天，小亦上体育课时不小心把胳膊摔脱臼了，她疼得哇哇大哭，老师赶紧带她去医院。

“我用石膏把你的胳膊固定住，这样能康复得快一些。”医生把她的骨头复位后说，“暂时不能剧烈运动，一周内不能上体育课。”

“好吧。”小亦哭丧着脸说。

咚爸咚妈很快赶到医院，看小亦眼泪汪汪的，非常心疼。

因为一只胳膊被固定着，小亦很多事情都做不了。

“妈妈，我好无聊啊！”小亦抱怨道。

“这下你知道健康有多重要了吧！”咚妈说，“如果你的胳膊没有受伤脱臼，就可以和同学们玩儿了。”

咚妈接着说："你看，生病多耽误事儿呀！现在生病会影响学习、运动，长大后生病就会影响工作。没有健康的身体，我们哪儿有机会学习、挣钱、享受生活啊？"

一个星期过去了，小亦的石膏拆了，她又可以快乐地上学，和同学们一起玩儿了，身体健康的感觉真好啊！

我们该如何保持健康呢？要早睡早起，保证充足的睡眠；要好好吃饭，摄入均衡的营养；要积极乐观，保持良好的心态；要经常运动，拥有健康的体魄；要按时体检，及时发现并消除身体内的健康隐患；还要通过注射疫苗等方式，做好个人防护。

第3章

金钱买不来友谊和亲情

金钱可以买到糖果，但无法买到内心的甜蜜和幸福；金钱可以买到陪伴，却买不到别人的真心和关怀；金钱可以买到看得见、摸得着的东西，却买不到藏在我们内心深处的感情，比如友谊和亲情。

皮蛋儿和小亦闹矛盾了。

“你怎么能把我送给你的礼物给别人呢？”小亦生气地质问皮蛋儿。

“有什么大不了的，你既然送给我了，那就是我的东西，我想给谁就给谁！”皮蛋儿理直气壮地反驳道。

“早知道你这么不珍惜我送的礼物，我才不会送给你呢！”小亦真是气坏了。

“你爱送不送，我一点儿都不稀罕！”皮蛋儿说了句气话。

“你，你太讨厌了！”小亦哭着说，“我要找一个比你好一千倍的新朋友！”

“我再也不和你玩儿了，哼！”皮蛋儿也赌气地说。

就这样，他俩谁也不理谁了。

“我要赶紧找个新朋友，不然皮蛋儿会嘲笑我的！”小亦想。

隔壁班有个可爱的男孩儿，他每次考试都是全年级第一，小亦早就想和他做朋友了。可是，怎么才能和他成为好朋友呢？

小亦觉得也许钱能帮她。于是，她用攒的零花钱买了一个玩偶，打算送给这个男孩儿。

“这个礼物送给你，请你和我做朋友吧。”小亦对男孩儿说。

“谢谢，不过我不喜欢。”男孩儿淡然地说。

男孩儿这么一说，小亦就不好意思继续提和他做朋友的事儿了，只能重新选择目标。

他们班还有个成绩优异的男同学，他还会吹萨克斯呢。小亦特别佩服他，也和他一起玩儿过，不过他俩的关系还没到特别要好的程度。小亦觉得如果把礼物送给这个男同学，也许会拉近他们之间的距离。

“嗨，这是我送给你的礼物。”这天，小亦把玩偶送给这位男同学。

“我很喜欢！谢谢你！”男同学高兴得不得了。

“那你能和我做朋友吗？”小亦又问。

“好呀！”男同学爽快地答应了。

放学后，男同学对小亦说：“我们去荡秋千吧！”

“不，我喜欢跳绳，咱们比赛跳绳吧。”小亦说。

“可是我不喜欢跳绳。”男同学拒绝道。

“你应该让着我，陪我一起玩儿跳绳！”小亦生气地说。

“我为什么要让着你呢？”男同学不解地问。

“因为你是男孩儿，男孩儿应该让着女孩儿啊！”小亦认为这是理所当然的。

“好吧，不过仅此一次，你不能总要求我让着你啊！”男同学也有点儿不高兴了。

小亦和男同学玩儿的时候，总会因为一些小事儿吵闹。小亦并不开心，她觉得自己更喜欢和皮蛋儿玩儿。

这天，羽灵姐姐约小亦、咚咚、皮蛋儿到小区的公园玩儿。

小亦和皮蛋儿见面后觉得很尴尬，扭扭捏捏的，谁也不好意思先开口和对方说话。

“你们两个都别扭这么久了，也该和好了，我们一直是最好的朋友呢！”羽灵姐姐劝道。

找新朋友这件事儿让小亦很受打击，也意识到皮蛋儿才是自己最好的朋友，她主动对皮蛋儿说：“皮蛋儿哥哥，我之前说话有点儿过分，其实你才是我最好的朋友。”

皮蛋儿也不好意思地说：“我也有不对的地方，不该把你送我的礼物给别人，还跟你吵吵嚷嚷的，对不起。”

“那我们俩和好吧。”小亦笑着说。

“我早就想跟你和好了！”皮蛋儿高兴地说。

他们终于和好如初了。小亦还把她用礼物“收买”友谊的事情讲给大家听，羽灵姐姐听后笑着说：“你可真逗，钱怎么可能买到友谊呢！”

“可不是嘛，这次我可是深有体会呢！”小亦说。

“金钱也买不来亲情！”羽灵姐姐说，“亲人之间的感情，更是不能用金钱衡量的。”

“就像不管爸妈有没有钱，我们都一样爱他们。”小亦说。

友谊就是朋友之间的感情，这种感情和血缘、贫富、贵贱都没有关系，而是建立在双方互相欣赏的基础上，互帮互助，同享快乐，共担悲伤。

亲情就是亲人之间的感情，父子情、母子情、祖孙情、手足情等都是亲情。

“是啊，我有个表姨就特别重视亲情。”羽灵姐姐讲道，“上次我去她家玩儿时，发现她家多了一位老爷爷，表姨说以后这位老爷爷就和他们一起生活，是新的家人。你们猜这位老爷爷是谁？”

“是她的爸爸吗？”咚咚问。

“不是。”羽灵姐姐摇摇头说。

“那是她的公公吗？”小亦问。

羽灵姐姐又摇摇头，说：“你们肯定猜不到，这位老爷爷是她的姑父。”

“姑父？”三个小朋友都很不理解。

“他为什么不和自己的儿女住在一起呢？”咚咚很纳闷儿。

“因为他没有儿女，他一直对我表姨很好。自从表姨的姑姑去世后，他就一个人生活，表姨觉得他无依无靠，就把他接到自己家里来，像对待父亲一样照顾他。”羽灵姐姐说。

“这位老爷爷怎么不去养老院呢？”咚咚问道。

“老爷爷是个普通的农民，除了最基本的养老金外，没有多余的收入，根本没钱去住养老院。”羽灵姐姐说。

“哦，这么说，你的表姨要一直照顾他了？”小亦问。

“对呀！”羽灵姐姐说。

“你的表姨真是太无私了！”小亦说。

“嗯，亲戚们都是这么夸奖她的，说她重感情，我也很喜欢她！”羽灵姐姐笑着说。

第4章

为梦想而努力的人更快乐

学生刻苦学习，作家伏案创作，运动员在赛场上为国争光，科学家在实验室夜以继日地工作……他们这么辛苦到底是为了什么呢？是为了金钱吗？不，他们是为了梦想，为了实现自我价值。这比只为获得金钱而努力更快乐、更幸福、更有干劲儿。

咚妈特别喜欢跳舞，经常抽时间练习舞蹈。

“妈妈，您又不是舞蹈演员，干吗这么辛苦地练舞蹈啊？”咚咚和小亦问道，担心妈妈太累了。

“你们不知道，我小时候的梦想就是成为一名舞蹈演员，可是现在成了一名干果店的老板。不过没关系，这一点儿也不影响我对舞蹈的热爱。”咚妈笑着说。

“一开始我只是很享受站在舞台上备受关注的感觉，后来我是真的爱上了舞蹈，就算没有舞台，我也会跳得很开心。”咚妈非常享受地说。

咚妈看他俩一副不太明白的样子，就问：“那你们为什么学习啊？”

“这个问题太简单了！学习是为了有个好成绩，将来考个好大学，找份好工作，挣很多钱，让自己过得富裕一些啊！”咚咚说。

“我也是这么想的！”小亦说。

“你们说得不准确。学习的目标不能只是为了挣钱，还要让自己变得更优秀，生活得更充实、更精彩。”咚妈说。

“不管是为了什么，反正都要学习啊！”小亦觉得妈妈说得有点儿太复杂了。

“可是如果目标不同，学习的效果就会有很大差别啊！”咚妈说。

“能有什么差别啊？”小亦更迷惑了。

“如果是为了梦想而学习，就会学得更有动力、更快乐；如果是为了挣钱而学习，就会有很大的压力。好了，这个问题以后再讨论吧，我得赶紧去上舞蹈课了。”咚妈说着就赶紧出门了。

梦想是什么呢？梦想就是我们对未来的期望，我们的人生目标。有了梦想，我们就找到了奋斗的方向，获得了勇往直前的力量，看到了美好的希望。我们要不断关注自己的兴趣，留心什么是自己热爱的事情，找到自己的梦想。把梦想当作一颗种子，去浇灌、呵护，让它长大。

小亦和咚咚依然沉浸在和妈妈讨论的话题中，他们问爸爸：“妈妈说学习的目的不只是挣钱，还说为梦想学习和为挣钱学习有很大区别，这是真的吗？”

“当然是真的了！”咚爸说，“我的两个朋友就是最好的例子了。”

“到底是怎么回事儿？您快讲嘛！”小亦催促道。

“我上学时有两个朋友，你们应该叫李叔叔和江叔叔。”咚爸接着讲述，“李叔叔一直梦想着成为作家，平时除了上课就是去图书馆看书，经常写作到半夜。他为了开阔自己的眼界，一到寒暑假就去各个地方游览，结识了很多人，见过很多事儿，写作水平也提高了。”

“那他后来成为作家了吗？”咚咚忍不住问道。

“他虽然发表了不少文章，但并没有成为知名作家，现在是一名中学语文教师，也很不错。”咚爸说。

“太可惜了！他明明这么努力！”咚咚很替这位李叔叔感到惋惜。

“有什么可惜的，他虽然没有成为知名作家，但他把自己的写作经验都传授给他的学生们，他教过的学生中有不少人在杂志、报纸上发表过文章呢！”咚爸说。

“这样看来，他很有可能成为作家们的老师，也很有成就感呢！”小亦十分钦佩地说。

“可不是嘛！他这十多年一直过得非常充实、快乐，我们很多同学都特别羡慕他。”咚爸说。

“那江叔叔呢，他经历了什么？”小亦追问道。

“这位江叔叔和李叔叔的差别很大，他上学时就发誓毕业后要努力挣钱，做一个有钱人。上大学期间，他一直学习各种挣钱的技能，还忙着考各种能帮他获得高薪岗位的证书。”咚爸说。

“他后来变成有钱人了吗？”咚咚很关心这个问题。

“是的，他的确变成了有钱人。”咚爸说。

“江叔叔也好棒呀，实现了自己的目标。”小亦也很佩服他。

“可是，这位江叔叔说他自己并不快乐。”咚爸说。

“这是为什么呢？”咚咚好奇地问。

“因为除了挣钱之外，他没有其他的追求和爱好，生活过得很单调、乏味。”咚爸说。

“唉，看来只为挣钱而学习真的不行啊。”咚咚和小亦终于明白咚妈的意思了。

“你有梦想吗？”咚爸问小亦。

“当然有啦，我想当护士，救死扶伤，减轻病人的痛苦。”

“那你可要好好努力啊！”咚爸鼓励她说。

小亦说出自己的梦想、明确目标后，学习更有劲头了，因为她知道，只有学好知识，考上医科大学，她才能成为非常专业的护士。半个学期过去了，小亦最大的变化就是成绩提高了，老师还在全班同学的面前夸奖她呢。

好朋友们听说小亦成绩进步的消息后，都说："小亦，快把你的学习秘诀告诉给我们吧！"

有一家网站曾经做过这样一个调查——"谁是世界上最幸福的人"，在近十万个答案中，最受人推崇的答案有两个：一个是欣赏自己作品的画家，一个是用沙子堆城堡的儿童。可见，最幸福的人并非最有钱的人，而是心怀梦想，并为梦想付出努力的人。

小亦大方地和朋友们分享自己进步的秘诀："我只是有了梦想而已，每天都为梦想努力，所以就进步了。"

"我也有梦想！我想当个摄影师。"咚咚说。

"那你已经开始学习摄影了吗？"皮蛋儿问。

"那倒没有，不过我妈妈给我买了一个小相机，让我拍自己喜欢的东西。"咚咚高兴地说，"我拍了很多美景和人物。"咚咚说着，还把今天早晨拍的照片拿给大家看。

"哇，好漂亮啊！"朋友们惊呼道。

看完咚咚拍的照片后，小亦由衷地为哥哥感到骄傲。此外，她还得知一个好消息：妈妈前两天参加本市业余舞蹈大赛得了第二名，还获得了奖牌。

"看，这不就是学舞蹈得到的回报吗？"咚妈说。

"您真是太棒了！"小亦由衷地替妈妈感到高兴。

第5章

钱和责任哪个更重要

现在，很多小朋友懂得了金钱很重要，也有了节约意识，不再乱花钱，并学会了存钱。但是，有时候小朋友在生活中难免会犯一些错误，这时，可能既害怕被批评，又害怕自己的钱受到损失。那么，请小朋友想一想：钱和责任哪个更重要？

今天轮到小亦做值日，她是最早到班里的。她看到挂在墙上的钟表脏了，就拿着抹布去擦拭，结果一不小心，钟表掉到地上了。小亦捡起钟表检查了一下，天啊，指针居然不走了！

“钟表是我弄坏的，我应该拿自己的钱来赔，可是这段时间我根本没有存下什么零花钱，总不能找爸爸妈妈要吧？怎么办，怎么办？”小亦着急地想。

她突然想到一个“好”主意：把钟表重新挂到墙上，假装什么都没有发生过。她迅速看看四周，班里其他同学还没到。

上课了，班主任李老师走进教室。她看了一眼钟表，发现指针不走了，就走过去查看，结果发现钟表被摔坏了。

“刚才谁碰过钟表吗？”李老师问，“如果是哪位同学不小心把钟表摔坏了，要尽快承认错误啊！”

同学们你看看我、我看看你，都摇着头说“没有”。

小亦头都不敢抬起来，假装在看书。

由于没有人承认，李老师也就没再追究。小亦稍稍松了一口气。

放学后，走在回家的路上，咚咚小声对小亦说：“早上我经过你们班，碰巧看到你不小心把钟表摔了，又悄悄把钟表挂了回去。”

小亦的脸顿时红了，不知道该说什么。

咚咚说：“你去找老师承认错误吧，老师会原谅你的。”

“可是，老师明明不再追究这件事情了，我干吗去承认错误啊？”小亦说，“而且我的零花钱都花完了，没有钱赔，你能帮我隐瞒这件事儿吗？”

咚咚看她可怜兮兮的样子，就说：“好吧，我就当作什么都没看到。”

回家后，咚咚趁小亦没在客厅时，把这件事儿告诉了父母，还得意地说：“看我这个哥哥多好，帮了小亦这么一个大忙，不然同学们就知道钟表是她弄坏的了。”

咚妈却说："你这样做可不对。"

"为什么？我只是想帮帮她嘛。"咚咚说。

"我理解你的好意。但是当妹妹犯了错误时，我们有责任督促她改正错误，让她学会承担责任，你这样做对小亦是没有好处的。"咚妈说。

咚咚想了想，觉得妈妈说得很有道理，决定再找小亦谈谈。

"小亦，我觉得你还是去向老师承认错误吧。"咚咚说。

"不要，我只是为了擦干净它，不是故意摔坏它的，而且一个钟表要好几十元呢，我没有钱！"小亦不高兴地说。

什么是责任呢？责任有两层意思：一是我们应尽的义务，比如对自己、对朋友、对家庭、对社会的义务等；二是我们应该承担的错误，比如弄坏别人的东西要赔偿等。

咚妈生气地把小亦叫到身边，说：“我刚才听到你们的对话了，你居然因为几十元钱而不承认错误，这样做太不对了！”

“呜呜，可是我没有零花钱了！”小亦委屈地哭着说。

“没有钱你可以先向我们借，怎么能因为这个理由推卸责任呢？”咚妈严肃地说。

“妈妈，我知道做错了。”小亦抽泣着说。

“你明天就去向老师承认错误。赔钟表的钱我可以借给你，但是接下来的两个月你都没有零花钱了。”咚妈说。

“好吧。”小亦擦干眼泪说。

第二天一到学校，小亦就鼓足勇气来到李老师的办公室，向她坦白了一切。

“没关系，你能知错就改，就是个好孩子。”李老师说。

“老师，这是我赔偿的钱。”小亦把钱递给李老师。

“不用啦，我已经用班费买了新的钟表了。”李老师笑着说。

“不可以的，我妈妈说了，一定要为自己的错误承担责任，您就收下吧。”小亦说。

“那好，我收下了！”李老师收下钱，夸奖了她。

这件事儿结束了，小亦虽然损失了一笔钱，但认识到承担责任远比金钱更重要。经过这件事儿，她也更信任咚咚了，因为他劝自己要勇于承担责任，是真心为自己着想。

小亦向咚咚道了歉，还真诚地说：“你真是个好哥哥！以后我们要互相监督，一起进步。”

“没问题！”咚咚拍着胸脯说。

第6章

帮助弱小能要报酬吗

看到路边行乞的人，我们总会忍不住递给他一两元钱；看到地震后无家可归的小朋友，我们会伤心难过……这到底是为什么呢？因为我们都有一颗怜悯和想要帮助弱小的心。可是，帮助他人之后能要报酬吗？

咚咚一路唱着、跳着往家走，他在学校就把家庭作业写完了，所以心情特别好。走进小区后，他发现邻居家的孩子、同班的乐乐正坐在路边的石凳上发呆。

“乐乐，你怎么一个人坐在这儿发呆啊？”咚咚走过去问道。

“唉，今天数学课上讲的内容太难了，我都没怎么听懂！”乐乐发愁地说。

“哪儿不懂，我给你讲讲吧。”咚咚说。

“好啊！”乐乐笑了。

咚咚拿出数学课本，把今天学的知识点给他讲解了一遍。

“咚咚，你讲得太棒了，谢谢你！”乐乐兴奋地说。

“哈哈，这没什么！”咚咚笑着说。

咚咚刚准备回家，乐乐一把拉住他说：“为了感谢你，我要请你吃冰激凌！”

咚咚想都没想就点头答应了。

咚咚高兴地吃着冰激凌往家走，到家了都还没吃完。

“咦，你的零花钱不是花完了吗，哪儿来的钱买冰激凌啊？”咚爸问道。

“嘿嘿，这是我自己挣来的。”咚咚笑着说。

“哦，快说说你是怎么挣来的？”咚爸十分好奇。

咚咚把他帮乐乐补习功课的事情给咚爸讲了一遍。

“怎么样，我很牛吧！”咚咚得意地说。

“嗯，你能帮同学补习功课，的确是挺牛的。”咚爸顿了顿说，“不过，我觉得这件事儿你做得不够好。”

“啊？哪里不好？”咚咚边吃冰激凌边问。

“你不应该心安理得地接受乐乐的冰激凌。”

“可是这是他自愿给我买的，而且我也帮他补习功课了呀。”咚咚觉得这没什么大不了的。

“那你是自愿帮乐乐补习功课的吗？”咚爸问。

“当然是啊！”咚咚回答。

“既然你是自愿的，为什么要收下乐乐买的冰激凌呢？”咚爸又问。

“因为我想吃冰激凌了。”咚咚难为情地说。

“你想吃可以和爸爸妈妈说呀，我们会给你买的，随便吃别人买的东西可不好。”咚爸说。

“我知道了。”咚咚说。

“最重要的是，帮助弱小是我们应该做的，不可以要报酬。”咚爸又说。

“可是，乐乐和我一样大，既不弱也不小，我帮助他为什么不可以得到一点儿报酬呢？”咚咚辩解道，“再说了，又不是我主动要的。”

“你对弱小的理解太简单了，其实只要在某一方面不如你的人，对你而言都是弱小的。”咚爸说。

咚爸还想继续向他讲解，这时咚妈刚好进门，打断了他们的对话。

“咱们社区组织大家给灾区捐物品。咱们吃完晚饭后，要把家里的旧衣服、旧书等打包好，邮寄给灾区。”咚妈说。

“那咱们赶紧吃饭吧。”咚爸说。

小亦和咚咚也主动要求参与这件事。

我们总说要帮助弱小，但什么样的人才算是弱小的人呢？一般来说，凡是在某些方面比我们弱的人，都是弱小的人。比如力量比我们弱的人、身材比我们瘦小的人、年龄比我们小的人、经济条件不如我们的人、学习成绩低于我们的人，等等。从全社会的角度来看，弱小的人包括老、幼、病、残、孕等。

一家人吃完晚饭，马上动手整理各种旧物。

“妈妈，这些东西咱们都要白送给灾区的人吗？”咚咚边收拾边问。

“对呀。”咚妈回答。

“我觉得社区应该给咱们一些报酬。”咚咚说。

“这些都是咱们自愿的，怎么能要报酬呢？”咚妈说。

“可是，这些东西都是爸爸妈妈用自己的钱买的啊，就这样白白送人，不是很可惜吗？”咚咚还是想不通。

“咚咚，如果有人意外落水后，被一个好人救了起来，那么这个获救的人该给那个好人多少钱呢？”咚爸问他。

咚咚想了一会儿，说：“我觉得给多少钱都不够，因为生命是无价的。”

“可是好人救了落水的人之后，连名字都没有留下就走了，根本就没要一分钱。”咚爸说。

咚咚想象着咚爸所说的画面，沉默了一会儿，说：“人家救了别人的性命都没有要报酬，我们做这点儿小事儿，就更不能要报酬了。”

“对呀，帮助别人有时只是举手之劳，如果这都要报酬的话，那我们的社会就太没有人情味儿了。”咚妈说。

“您说得对。”咚咚若有所思地点点头说。

第二天上学时咚咚找到乐乐，对他说：“对不起，我昨天不该要你的冰激凌。”

“没关系啊！”乐乐说，“你帮我补习功课，我很乐意请你吃冰激凌啊！”

“我知道，可是我不该因为这个让你花钱。”咚咚接着说，“如果你以后遇到不会做的题，可以随时问我。而且你不用再请我吃冰激凌，因为帮助同学是我应该做的。”

“真是太谢谢你了！”乐乐笑道。

又放假了，咚咚一家人去乡下爷爷奶奶家玩儿。咚咚上幼儿园大班的堂妹也在爷爷奶奶家，这下可热闹了。

这天，爷爷和咚爸要下地锄草，咚咚和堂妹都嚷嚷着要一起去。

“好吧，但是你们要听指挥，不能把庄稼踩坏了。”爷爷笑着说。

“没问题！”咚咚和堂妹齐声说。

四人一起来到田地里，锄草的锄草，捉虫子的捉虫子，配合得特别好。

突然下起了小雨，可是他们只有一件雨衣。咚爸连忙把雨衣给爷爷披上，爷爷却转手把雨衣给咚咚披上，咚咚又把雨衣给堂妹披上。

“咦，为什么大伯把雨衣给爷爷，爷爷把雨衣给哥哥，哥哥又把雨衣给我呢？”堂妹问。

“因为你最小，最需要被人照顾呀！”咚咚笑着说。

堂妹想了想，把雨衣撑开，给脚下的小苗挡雨。

“小苗比我小，我应该照顾它。”堂妹认真地说。

“哈哈哈，小苗需要雨水才能长大呢，你不用照顾它！”咚咚大笑着说。

大家听了咚咚的话，都笑了。

第7章

快乐的义务劳动日

为什么有的人看到地上的烟头、纸屑会随手捡起来扔进垃圾桶？为什么有的人从来没有得到过报酬，却依然主动热情地做值日？这些都是无私奉献的魔力，它能让人们在无偿劳动中获得很多快乐。

“明天是周六，我要和爸爸妈妈还有哥哥一起去郊游。”周五在学校时，小亦已经有了计划。

放学后，她刚走进小区就看到公告栏张贴的“义务劳动倡议书”，原来是社区组织大家明天进行义务劳动，小亦并没在意。

“爸爸妈妈，我们明天去郊游吧！”小亦一进门就大声说。

“宝贝儿，恐怕不行啊，因为我们已经报名参加社区组织的义务劳动了。”咚爸说。

“真是的，那个义务劳动的地方又不在我们的小区内，为什么要我们去义务劳动呢？”小亦有点儿生气地说。

“可是，那里依然属于我们的城市啊，为我们的城市做义务劳动，有什么不可以的。”咚妈说。

“你们工作一个星期已经很辛苦了，好不容易休息，不是应该好好放松一下吗？我们还是去郊游吧！”小亦说。

“你们在学校学习也很辛苦，为什么学校还要经常组织你们义务劳动呢？”咚妈问她。

“您忘了，每次学校组织义务劳动的时候，我不是病了就是有其他事情，根本就没有参加过。”小亦说。

“所以你才不知道义务劳动的快乐啊！”咚妈接着说，“义务劳动可以让我们在干活的过程中体会到无私奉献的乐趣。”

“好吧。”小亦勉强答应了。

美好的郊游计划泡汤了，小亦的心情不太好，心想如果能有个好朋友和她一起去义务劳动，她可能会高兴点儿。

“羽灵姐姐，你们明天去参加义务劳动吗？”小亦打电话问羽灵姐姐。

“去啊，你呢？”羽灵姐姐问她。

“太好了，我们也去！”小亦高兴地说。

什么是义务劳动呢？就是劳动者自愿进行的公益劳动，不要任何报酬。

“这里可真脏啊！”小亦看到道路上的垃圾和脏乱的草坪后，感叹道。

“让我们挥起扫帚，把这里打扫得干干净净！”咚咚拿着一把扫帚说。

说干就干，参加义务劳动的人有的扫地，有的清理草坪，有的清理电线杆上的小广告，大家都干得很起劲儿，只有小亦不那么积极，拿着扫帚东扫一下、西扫一下。

“小亦，你这样干活可不行。”咚爸对她说。

“这只是义务劳动，又没人监督，干吗那么严格？”小亦并不在意。

“虽然是义务劳动，但也不能敷衍啊！我们做事情的态度是：要么不做，要做就一定做好。”咚爸严肃地说。

“小亦，如果我们在学校做义务劳动的时候偷懒了，也会被老师批评的。”咚咚告诉她。

小亦知道自己做错了，开始认真扫起地来。

不到半天，大家就完成了任务。看着干净的道路、整洁的草坪，大家都很有成就感。

“我们好棒啊！”小亦高兴地说。

“今天真的很累！明天你想去郊游吗？”咚爸问。

“当然想啊！”小亦兴奋地说。

“那你要先把作业写完哟。”咚妈说。

“没问题，我今天就能把作业写完！”小亦高兴极了！

不久，学校一年一度的“义务劳动日”到了。

“今年的义务劳动就是给学校大扫除，我们年级负责打扫办公楼。”咚咚的班主任王老师告诉大家。

劳动日这天，同学们有的拖地，有的倒垃圾，有的擦玻璃，大家都很忙碌。

咚咚他们几个把老师的办公室打扫得干干净净。

他们刚要离开办公室，一位老师走了进来，惊讶地说：“你们打扫得真干净啊！”

他们几个听了还有点儿不好意思呢。

“来，奖励你们每人一盒饼干。”这位老师拿出几盒饼干分给他们。

参加义务劳动，可以帮助我们锻炼身体，让我们爱上劳动，也能增强我们的团队合作能力，提升我们的社会、集体责任感，让我们感受到无私奉献的快乐。

咚咚说：“谢谢老师，我们不能要，因为这是义务劳动。”

其他同学也说：“对，我们不能要老师的礼物。”然后就赶紧走了。

劳动结束后，大家回到教室里，王老师夸奖大家做得很好，还特别表扬了咚咚他们几个。

“咱们班有几个同学打扫完办公室后没有收老师的礼物，我们都要好好向他们学习，义务劳动不要报酬。”王老师对大家说。

同学们为咚咚他们几个热烈鼓掌，他们心里美滋滋的，比得到一个星期的零花钱还高兴呢。

第8章

我们不能为了钱去做违法的事情

金钱有时像天使，能帮我们解决许多麻烦，能让我们生活得更富裕；金钱有时又像魔鬼，会驱使一些人做出违法的事情。其实，金钱没有任何过错，关键在于我们对待金钱的态度，我们绝不能因为金钱的诱惑而做出错误的选择。

小亦和咚爸看了一部电影——《天才枪手》，影片讲的是天才少女小琳经常用帮他人考试作弊的方式挣钱的故事，好在她最后认识到自己的错误，主动向警方自首，接受了应有的处罚。

“小琳真是太厉害了，居然利用这么高级的方法帮他人作弊，而且还挣了这么多钱！”小亦感叹道。

“小琳的这种行为可不是普通的作弊，而是犯罪。”咚爸严肃地说，“她这么聪明，如果不是被金钱诱惑做了违法的事情，一定会成为非常优秀的人，真是太可惜了！”

“但她也挺可怜的，如果不是因为太穷了，她是不会这么做的。”小亦说。

“这个世界上的穷人不止她一个，为什么她会犯这种错误呢？”咚爸问小亦。

“嗯，因为她很聪明，有能力帮别人作弊。”小亦回答。

“如果所有学生都像她这么做，会怎么样呢？”咚爸又问。

小亦想了一会儿，说：“那我们的考试就没有用了。”

“不但考试变得没有用，这些学生的人生也会被毁掉。”咚爸接着说，“用非法手段获取财富，总有一天会受到法律制裁。”

“还好小琳最后主动承认了错误。”小亦说，“那些让小琳帮忙作弊的学生也真可恶，仗着家里有钱就胡来，法律为什么不惩罚他们呢？”

“很多国家都没有把考试作弊纳入犯罪的范畴，不过学校会严格处理的。”咚爸说。

“我是不会帮别人作弊的，给多少钱都不干！”小亦说。

回家看电视时，他们又聊起一些人为了金钱而违法犯罪的新闻。咚妈这时进门了。

“你们父女俩在聊什么？表情这么严肃。”咚妈问。

“我和爸爸在讨论一个非常高深的话题。”小亦故作神秘地说。

“哦，什么话题？”咚妈很好奇。

“关于金钱和犯罪的话题。”小亦回答。

“哟，那的确挺高深。”咚妈笑着说，“那你学到了什么？”

“不能为了钱做违法的事情呀。”小亦说。

“看来你学得不错。”咚妈接着说，“我也知道一个为了金钱而犯罪的故事，你想听听吗？”

“当然想听啦！您快说，快说！”小亦非常好奇。

“一个大学生因为缺钱，就在各个网络平台上贷款，那些贷款利滚利，数额越来越大，后来那个学生就还不起钱了。”咚妈讲述道。

“那他该怎么办呢？”原本在写作业的咚咚也凑过来问。

“他不知道该怎么挣钱，就开始偷同学的钱，还偷父母的钱。”咚妈接着说。

“天啊，那不就变成小偷了吗？”小亦惊讶地说。

“可不是嘛！有一次他偷钱的时候被人发现了，还好他把钱还给人家了，不然就要被警察抓走了。”咚妈严肃地说。

“这次他应该知道自己的错误了吧？”咚咚说。

“他的确知道自己犯错了，非常自责。”咚妈的表情十分凝重。

“他借的那些钱该怎么还呢？”咚咚追问道，脑子里紧张地想象着各种画面，仿佛身临其境。

“他只是个学生，哪儿有钱还啊。他的父母把房子卖了才把钱还上了。”咚妈同情地说。

“唉，真是不幸啊！”咚爸接着说，“那他们一家人最后过得怎么样？”

“虽然房子卖了，但这一家人不用再为债务担心了。父母继续打工挣钱，这个学生也在父母的劝导下好好上学去了。”咚妈说。

“钱可真不是个好东西，总是让人们为它犯错！”小亦生气地说。

“傻孩子，这不是金钱的错，而是这些犯错的人自己的选择。”咚妈说。

“如果你缺钱了，会怎么办呢？”这时，咚爸问她。

“我可以自己摆地摊儿挣钱！”小亦十分有底气地说。

“不错，你比那个大学生还要懂事，最起码知道用正确的方法挣钱！”咚爸笑着说。

古人说："君子爱财，取之有道。"如果我们缺钱了，该怎么办呢？如果是成年人，当然要靠自己的智慧、能力来挣钱，比如上班、创业、投资等，前提是不违背法律和道德。如果是未成年人，缺钱了当然要先告诉父母，因为未成年人的经济来源主要依靠父母。在父母的允许和帮助下，我们也可以尝试自己挣钱，但要适可而止，因为我们的主要任务是学习。

一天，小亦发现自己的旧水彩笔不能用了，打算去超市买一套新的，可是存钱罐儿里的钱不够了，怎么办呢？她看见咚妈的一件外套挂在衣架上，于是走过去摸了摸外套的口袋，拿出 20 元人民币。小亦开心地想："太好了，先借妈妈的钱用一下，等下个月有了零花钱再还给妈妈。"此时的她没有意识到自己的行为是偷窃。

从超市出来后，小亦碰到了哥哥咚咚。咚咚看着她手里的新水彩笔，问道：“你的零花钱不是花完了吗，哪儿来的钱买水彩笔？”

“我悄悄从妈妈那儿拿了20元。”小亦小声对他说。

“啊？你这不是偷吗？”咚咚惊讶地说。

“嘘！我可不是偷，等下个月妈妈给我零花钱之后，我就会把钱还给妈妈的。”小亦解释道。

“可是，我觉得你这样做是错误的，还是赶紧回家向妈妈坦白吧。”咚咚说。

“那可不行，万一妈妈生气了怎么办？把我当成坏孩子怎么办？”小亦担心地说。

“没事儿，我会帮你的！”咚咚说。

他俩回到家，把事情一五一十地向咚妈说清楚了。

咚妈一开始有点儿生气，不过想到小亦主动认错，就没有发火。

咚妈表情严肃地说：“以后你缺钱要直接告诉妈妈，不能偷偷摸摸拿家里的钱。”

“我怕您不给我钱呀。”小亦委屈地说。

“但是妈妈可以借给你啊，等你有零花钱了再还给她。”咚咚说。

“咚咚说得对，你要用正确的方法得到钱。”咚妈说。

“我知道错了。”小亦羞愧地说。

“勇于承认错误并改正就是好孩子。”咚妈说。

“我保证，以后绝对不这么做了！”小亦认真地说。

小亦的问题解决了，咚咚也安心了，能帮助妹妹承认错误，他的心里很高兴。